高等职业教育土木建筑类专业新形态教材

建设工程造价管理实务

主编 李艳玲 陈 强
主审 武 强

北京理工大学出版社
BEIJING INSTITUTE OF TECHNOLOGY PRESS

内 容 提 要

本书以项目为主体进行编写，行业针对性突出，辅导性强。全书共分为十个项目，主要内容包括定额时间计算、材料单价计算、建设项目投资估算静态部分的估算、建设项目投资估算动态部分的估算、建设项目投资估算的编制、建设项目投资财务评价、建设项目设计阶段的工程造价管理、建设项目施工招标投标阶段的工程造价管理、建设项目施工阶段的工程造价管理、建设项目竣工结算与决算和保修费用处理等。

本书可作为高职高专院校工程造价等相关专业学生的实训教材，也可供从事相关专业技术人员学习使用。

版权专有　侵权必究

图书在版编目（CIP）数据

建设工程造价管理实务 / 李艳玲，陈强主编 .—北京：北京理工大学出版社，2018.6（2025.1重印）

ISBN 978-7-5682-5745-9

Ⅰ.①建… Ⅱ.①李… ②陈… Ⅲ.①建筑造价管理 Ⅳ.①TU723.3

中国版本图书馆CIP数据核字（2018）第126996号

责任编辑 / 申玉琴		文案编辑 / 申玉琴	
责任校对 / 周瑞红		责任印制 / 边心超	

出版发行 / 北京理工大学出版社有限责任公司

社　　址 / 北京市丰台区四合庄路6号

邮　　编 / 100070

电　　话 /（010）68914026（教材售后服务热线）

　　　　　（010）63726648（课件资源服务热线）

网　　址 / http://www.bitpress.com.cn

版 印 次 / 2025年1月第1版第4次印刷

印　　刷 / 河北鑫彩博图印刷有限公司

开　　本 / 787 mm×1092 mm　1/16

印　　张 / 7.5

字　　数 / 84千字

定　　价 / 39.00元

图书出现印装质量问题，请拨打售后服务热线，负责调换

前　言

为了帮助广大读者进一步有效地学习工程造价管理相关知识，提高教学效果和教学质量，我们根据教学需要，编制了《建设工程造价管理实务》一书。

本书在以工程造价管理形成的基本原理、基本方法、基本技能的基础上，紧密围绕建筑施工过程中工程造价控制的特点，更加侧重并突出建筑施工企业全寿命周期内工程造价控制的内容和方法。这样，学生通过学习、练习，能进一步理解和掌握工程造价管理形成的原理和方法，可以更好地运用工程造价管理的知识为建设项目成本管理工作服务。

本书主要由项目概述、实训技能要求、实训内容、相关知识问答、实训案例部分组成。其主要突出以下特色：

（1）行业针对性更为突出。本书以项目为主体，其内容编排以建设项目建设过程为对象，将工程造价管理的基本原理融入建设项目之中。

（2）紧扣教材，辅导性强。本实训教材已在实际教学过程中进行了多次实践，作了多次修改与调整，充分反映了教材的重点和难点。

本书由陕西工业职业技术学院李艳玲、陈强担任主编。具体编写分工为：项目一～项目六由陈强编写；项目七～项目十由李艳玲编写。全书由李艳玲负责统稿整理工作，由陕西工业职业技术学院武强主审。

本书编写力求实用、完美，对读者提供更多的帮助，然而书中仍然难免有疏漏或不妥之处，恳请广大读者不吝批评指正。

编　者

目 录

实训安排及要求……………………………………………… 1
项目一 定额时间计算………………………………………… 4
项目二 材料单价计算………………………………………… 13
项目三 建设项目投资估算静态部分的估算………………… 24
项目四 建设项目投资估算动态部分的估算………………… 36
项目五 建设项目投资估算的编制…………………………… 46
项目六 建设项目投资财务评价……………………………… 56
项目七 建设项目设计阶段的工程造价管理………………… 71
项目八 建设项目施工招标投标阶段的工程造价管理……… 83
项目九 建设项目施工阶段的工程造价管理………………… 93
项目十 建设项目竣工结算与决算和保修费用处理………… 104
参考文献……………………………………………………… 114

实训安排及要求

1.1 实训目的

工程造价专业是一门交叉性学科专业，该专业培养既懂工程技术又懂经济管理的综合人才。"工程造价管理"是一门包括科学管理和建筑技术在内的综合性管理学科，是在学完"工程经济""施工组织设计""建筑工程概预算"等课程的基础上，探讨在投资决策阶段、设计阶段、招标投标阶段、施工阶段等全过程的造价控制，实现工程造价管理的主要目标，以获得工程项目的最大投资收益。

高等院校工程造价专业必须更好地培养高素质、高技能的应用型人才，而素质和技能的培养仅依靠课堂理论教学是难以实现的，必须通过包括实训在内的各种实践教学环节，让学生置身于实际工程之中，才能取得更好的效果。

通过本课程实训，可以使学生进一步加深对所学知识的理解和掌握，有利于学生将书本所学的理论知识与实践相结合，熟悉在工程中如何利用相关的规范、定额解决实际问题，以达到专业理论知识与工程实践相结合的目的，掌握完成工作全过程的本领，能尽快地适应造价员职业岗位的要求，为学生以后从事造价员工作打下良好的基础。

1.2　实训任务和内容

本次实训是学生在学习工程概预算、工程经济、工程招标投标与合同管理、施工组织设计等专业课程过程中的一次实践教学环节。通过不同的案例分析对工程造价计价依据，建设工程在投资决策阶段、设计阶段、招标投标阶段、施工阶段等全过程实施造价控制的手段和方法，使学生对实现工程造价管理的主要目标及过程有一个系统、全面的了解，增强学生学习本专业的兴趣。

1.3　实训组织

每两名指导教师全过程负责一个班级的组织任务安排、实训讲解及实训周的日常管理。

每个班分为4～5个小组，每小组10人左右，每个小组安排一名组长负责该小组实训周的组织纪律、学生安全及日常事务。

1.4　考核标准

（1）学生成绩以实训报告册、实训纪律、实训表现为基准，分为优秀、良好、中等、及格、不及格五个等级。

（2）日常考勤、纪律占实训周成绩的 50%，实训报告完成情况占实训周成绩的 50%。

（3）无缺勤、实训任务完成优秀，实训成绩评定为优秀。

（4）缺勤 3 个学时以下、实训任务完成良好，实训成绩评定为良好。

（5）缺勤 3 个学时以下、实训任务完成中等，实训成绩评定为中等。

（6）缺勤 3 个学时以下、实训任务完成一般，实训成绩评定为及格。

（7）缺勤 3 个学时以上、实训表现差、不能按时完成实训任务，实训成绩评定为不及格。

项目一　定额时间计算

◎ 项目概述

计价依据反映的是一定时期的社会生产水平，它是建设管理科学化的产物，也是进行工程造价科学管理的基础。其主要包括建设工程定额、工程造价指数和工程造价资料等内容，其中建设工程定额是工程计价的核心依据。本实训项目的主要内容：时间定额与产量定额的概念及其计算方法。

◎ 实训技能要求

知识目标：

1．了解工程建设定额及其分类；

2．了解施工定额消耗量指标；

3．掌握确定人工定额消耗量的基本方法。

技能目标：

1．熟练掌握时间定额与产量定额的概念与计算方法；

2．熟练掌握工人工作时间消耗的分类。

实训内容

确定人工定额消耗量的基本方法,以及结合具体实例进行时间定额计算。

相关知识问答

序号	任务及问题	解答
1	工程建设定额的概念是什么	
2	工程建设定额如何分类	

续表

序号	任务及问题	解答
3	定额按编制程序和用途分类有哪些？它们之间的关系如何	
4	施工定额的编制原则是什么？编制内容有哪些	

问题 1：工人工作时间消耗的分类是怎样的？

问题 2：时间定额的概念及计算方法是怎样的？

问题 3：产量定额的概念及计算方法是怎样的？

问题 4：确定机械台班定额消耗量的基本方法是什么？

知识链接

更多关于工程计价依据与计价模式的知识请扫描右方二维码。

实训案例

案例 1：

现有某施工企业 8 组人工砌墙的测时资料，砌 1 m³ 砖墙需要消耗的基本工作时间、辅助工作时间、准备与结束时间、中断时间以及休息时间见表 1.1，求该企业的劳动定额。

表 1.1 砌 1 m³ 砖墙需要消耗的时间

组号	基本工作时间 /min	辅助工作时间占基本工作时间 /%	准备与结束时间占基本工作时间 /%	中断时间占基本工作时间 /%	休息时间占基本工作时间 /%
1	335	2.0	2.0	1.5	20
2	310	2.2	2.0	1.6	20
3	290	1.7	1.9	1.3	18
4	300	1.8	1.9	1.5	18
5	280	1.7	1.8	1.4	19
6	315	2.1	2.1	1.6	20
7	295	1.8	2.0	1.5	18
8	305	1.7	1.9	1.5	18

案例 2：

某工程需砌筑一段毛石砌体护坡，拟采用 M5 水泥砂浆砌筑，现场测定每 10 m³ 砌体的人工工日、材料、机械台班消耗相关技术参数如下：

砌筑 1 m³ 毛石砌体需工时参数：基本工作时间为 10.5 h，辅助工作时间、准备与结束时间、不可避免的中断时间和休息时间分别占基本工作时间的 3%、2%、2% 和 20%，人工幅度差系数为 10%。

试计算砌筑 1 m³ 毛石砌体护坡工程的劳动定额。

项目二 材料单价计算

◉ 项目概述

建筑工程材料从开采加工、制作出厂直至运输到现场或工地仓库，要经过材料采购、包装、运输、保管等过程，在这些过程中都要发生费用。

材料预算价格是从材料来源地到达仓库或施工现场堆放地点过程所发生的全部费用，是编制预算时各种材料采用的单价。本实训项目的主要内容：材料预算价格的计算方法。

◉ 实训技能要求

知识目标：

1. 了解人工单价的组成和确定方法；
2. 了解施工机具使用费的组成和确定方法；
3. 掌握材料预算价格的组成和确定方法。

技能目标：

1. 熟练掌握材料预算价格组成；
2. 熟练掌握计算材料预算价格的方法。

实训内容

材料预算价格的组成和确定方法,以及结合具体实例计算材料预算价格。

相关知识问答

序号	任务及问题	解答
1	简述人工单价的概念和组成内容	
2	简述人工单价确定的依据和方法	

续表

序号	任务及问题	解答
3	简述施工机具使用费的组成和确定方法	
4	简述折旧费的组成和确定方法	

问题1：材料预算价格的构成和分类。

（1）材料预算价格的构成是怎样的？

_____

_____

_____

_____

_____

_____

_____

（2）材料预算价格的分类是怎样的？

_____

_____

_____

_____

_____

_____

_____

问题 2：材料预算价格的编制依据和确定方法。

（1）如何确定材料原价？

$$\text{加权平均原价} = \frac{K_1 \times C_1 + K_2 \times C_2 + \cdots + K_n \times C_n}{K_1 + K_2 + \cdots + K_n}$$

式中 $K_1, K_2, \cdots, K_n$——各不同供应地点的供应量或各不同使用地点的需要量；

$C_1, C_2, \cdots, C_n$——各不同供应地点的原价。

（2）如何确定供销部门手续费？

供销部门手续费 = 材料原价 × 供销部门手续费费率 × 供销部门供应比重

供销部门手续费 = 材料净重 × 供销部门单位重量手续费 × 供销比重

材料供应价 = 材料原价 + 供应部门手续费

（3）包装费的确定。包装费是为了便于材料运输和保护材料进行包装，所发生和需要的一切费用，包括水运、陆运的支撑、篷布、包装箱、绑扎材料等费用。

包装材料回收值 = 包装原价 × 回收量比例 × 回收价值比例

（4）运杂费的确定。运杂费是指材料由采购地点或发货点至施工现场的仓库或工地存放地点，含外埠中转运输过程中所发生的一切费用和过境过桥费用，包括调车和驳船费、装卸费、运输费及附加工作费等。

$$加权平均运杂费 = \frac{K_1 \times T_1 + K_2 \times T_2 + \cdots + K_n \times T_n}{K_1 + K_2 + \cdots + K_n}$$

式中 $K_1, K_2, \cdots, K_n$——各不同供应点的供应量或各不同使用地点的需求量；

$T_1, T_2, \cdots, T_n$——各不同运距的运费。

（5）采购及保管费的确定。采购及保管费是指材料供应部门（包括工地仓库及其以上各级材料主管部门）在组织采购、供应和保管材料过程中所需的各项费用。

采购及保管费 = 材料运到工地仓库价格 × 采购及保管费费率
= （材料原价 + 供销部门手续费 + 包装费 + 运杂费 + 运输损耗费）× 采购及保管费费率

材料预算价格 =（材料原价 + 供销部门手续费 + 包装费 + 运杂费 + 运输损耗费）×（1+ 采购及保管费费率）- 包装材料回收价值

问题 3： 影响材料预算价格变动的因素有哪些？

知识链接

更多关于材料预算价格的知识内容请扫描右方二维码。

实训案例

案例 1：

某建筑工地使用 42.5 级袋装水泥，此水泥由甲、乙、丙三地供应，基本数据见表 2.1。

表 2.1 袋装水泥供应的基本数据

供应地	供应量/t 吨	原价/(元·t^{-1})	长途运输方式	全程运价/(元·t^{-1})	装卸费/(元·t^{-1})	短途运输方式	平均运距/km	短途运费/[元·(t·km)$^{-1}$]
甲	2 000	250	铁路	30	8	汽车	10	1.0
乙	1 000	260	水路	15	6	汽车	30	0.8
丙	800	270	公路	/	/	汽车	50	0.6

汽车装卸费为 4 元/t，场外运输损耗率为 0.5%，采购及保管费费率为 2%，在购置的 3 800 t 水泥中有 1 200 t 是经供销部门采购的，手续费为 5%，水泥全部为袋装水泥，每袋为 50 kg，纸袋原价为 1.5 元，回收量为 60%，回收折价率为 40%。试计算水泥的预算价格。

案例 2：

白石子是地方材料，经调查货源后确定，甲厂可供货 30%，原价为 82.50 元/t，乙厂可供货 25%，原价为 81.60 元/t，丙厂可供货 20%，原价为 83.20 元/t，其余由丁厂供应，原价为 80.80 元/t。甲、丙两地为水路运输，运费为 0.35 元/(t·km)，装卸费为 2.8 元/t，驳船费为 1.30 元/(t·km)，途中损耗 2.5%，甲厂运距为 60 km，丙厂运距为 67 km。乙、丁两厂为汽车运输，运距分别为 50 km 和 58 km，运费为 0.40 元/(t·km)，调车费为 1.35 元/t，装卸费为 2.30 元/t，途中损耗 3%，材料包装费均为 10 元/t，采购及保管费费率为 2.5%。试计算白石子的预算价格。

项目三　建设项目投资估算静态部分的估算

◉ 项目概述

不同阶段的投资估算，其方法和允许误差都是不同的，如单位生产能力估算法、生产能力指数法、系数估算法、比例估算法、指标估算法等。本实训项目的主要内容：建设项目投资估算静态部分的估算方法。

◉ 实训技能要求

知识目标：

1．了解建设项目投资估算静态部分的估算方法；

2．了解各种估算方法的适用阶段和计算方法；

3．掌握单位生产能力估算法、生产能力指数法、系数估算法、比例估算法、指标估算法的计算公式。

技能目标：

1．熟练掌握各种估算方法的适用阶段和计算方法；

2．能够运用估算方法进行静态投资估算。

实训内容

各类估算方法的计算公式和适用范围，以及应用公式进行静态投资估算。

相关知识问答

不同阶段的投资估算，其方法和允许误差都是不同的。项目规划和项目建议书阶段，投资估算精度低，可采取简单的匡算法，如生产能力指数法、单位生产能力估算法、比例估算法、系数估算法等。在可行性研究阶段，尤其是详细可行性研究阶段，投资估算要求精度高，须采用相对详细的投资估算法，即指标估算法。

序号	任务及问题	解答
1	简述建设项目投资决策的含义	
2	简述建设项目投资决策与工程造价的关系	

续表

序号	任务及问题	解答
3	简述建设项目各阶段及其对应的造价形式	
4	简述建设项目投资决策阶段影响工程造价的主要因素	

问题 1：列举建设项目投资估算静态部分的估算方法。

（1）单位生产能力估算法。依据调查的统计资料，利用相近规模的已建项目的单位生产能力投资乘拟建项目的建设规模，即得拟建项目的静态投资额。其计算公式为

$$C_2 = \left(\frac{C_1}{Q_1}\right) Q_2 f$$

式中　C_1——已建类似项目的静态投资额；

　　　C_2——拟建项目的静态投资额；

　　　Q_1——已建类似项目的生产能力；

　　　Q_2——拟建项目的生产能力；

　　　f——不同时期、不同地点的定额、单价、费用变更等的综合调整系数。

（2）生产能力指数法。生产能力指数法是根据已建成的类似项目的生产能力和投资额来粗略估算拟建项目的静态投资额的方法，是对单位生产能力估算法的改进。其计算公式为

$$C_2 = C_1 \left(\frac{C_2}{Q_1}\right)^x Q_2 f$$

式中　x——生产能力指数。

其他符号含义同前。

（3）系数估算法。系数估算法也称为因子估算法，它是以拟建项目的主体工程费或设备购置费为基数，以其他工程费占主体工程费的百分比为系数估算拟建项目的静态投资额的方法。

设备系数法，以拟建项目的设备购置费为基数，根据已建成的同类项目的建筑安装工程费和其他工程费等与设备购置费的百

分比，求出拟建项目的建筑安装工程费和其他工程费，进而求出拟建项目的静态投资额。其计算公式为

$$C=E(1+f_1P_1+f_2P_2+f_3P_3+\cdots)+I$$

式中　C——拟建项目的静态投资额；

　　　E——拟建项目的设备购置费；

　　　$P_1, P_2, P_3\cdots$——已建项目的建筑安装工程费及其他工程费等与设备购置费的比例；

　　　$f_1, f_2, f_3\cdots$——由时间因素引起的定额、价格、费用标准等变化的综合调整系数；

　　　I——拟建项目的其他费用。

问题2：建设项目投资估算静态部分各种估算方法的适用范围和特点是什么？

_____

_____

_____

_____

_____

_____

_____

_____

_____

问题 3：指标估算方法。

（1）怎样进行建筑工程费的估算？

（2）怎样进行设备及工、器具购置费的估算？

（3）怎样进行安装工程费的估算？

（4）怎样进行工程建设其他费用的估算？

（5）怎样进行基本预备费的估算？

知识链接

更多关于建设项目决策阶段工程造价管理的知识请扫描右方二维码。

实训案例

案例 1：

某企业拟建年产 3 000 万 t 的铸钢厂，可行性研究报告提供的已建年产 2 500 万 t 类似项目工程的主厂房工艺设备投资约 2 400 万元。已建类似项目的资料：与设备投资有关的各专业工程投资系数见表 3.1，与主厂房投资有关的辅助工程及附属设施投资系数见表 3.2。

表 3.1　与设备投资有关的各专业工程投资系数

加热炉	汽化冷却	余热锅炉	自动化仪表	起重设备	供电与传动	建筑安装工程
0.12	0.01	0.04	0.02	0.09	0.18	0.40

表 3.2　与主厂房投资有关的辅助工程及附属设施投资系数

动力系统	机修系统	总图运输系统	行政及生活福利设施工程	工程建设其他费用
0.30	0.12	0.20	0.30	0.20

本项目的资金来源为自有资金和贷款，贷款总额为8 000万元，贷款利率为8%（按年计息）。建设期为3年，第1年投入30%，第2年投入50%，第3年投入20%。预计建设期物价年平均上涨率为3%，基本预备费费率为5%。

问题：

1. 已知拟建项目建设期与类似项目建设期的综合价格差异系数为1.25，试用生产能力指数估算法估算拟建项目的工艺设备投资额，用系数估算法估算该项目主厂房投资和项目建设的工程费与其他费用的投资。

2. 估算该项目的固定资产投资额，并编制固定资产投资估算表。

案例 2：

某企业拟在某城市新建一个工业项目，该项目可行性研究相关基础数据如下：

拟建项目占地面积 30 亩[①]，建筑面积为 11 000 ㎡。其项目设计标准、规模与该企业 2 年前在另一城市修建的同类项目相同。已建同类项目的单位建筑工程费为 1 600 元/㎡。建筑工程的综合用工量为 4.5 工日/㎡，综合工日单价为 80 元/工日，建筑工程费用中的材料费占比为 50%，机械使用费占比为 8%。考虑地区和交易时间差异，拟建项目的综合工日单价为 100 元/工日，材料费修正系数为 1.1，机械使用费的修正系数为 1.05，人材机以外的其他费用修正系数为 1.08。根据市场询价，该拟建项目设备投资估算为 2 000 万元，设备安装工程费为设备投资的 15%。项目土地相关费用按 20 万元/亩计算，除土地外的工程建设其他费用为项目建筑安装工程费的 15%，项目的基本预备费费率为 5%，不考虑价差预备费。

问题： 列式计算拟建项目的建设投资。

---

① 1亩≈666.7 m²

项目四　建设项目投资估算动态部分的估算

项目概述

本实训项目的主要内容：建设项目投资估算动态部分的估算方法，如分项详细估算法、扩大指标估算法。

实训技能要求

知识目标：

1. 了解流动资金估算方法；
2. 区分分项详细估算法和扩大指标估算法。

技能目标：

1. 掌握分项详细估算法的估算内容及步骤；
2. 能够计算流动资金。

实训内容：

分项详细估算法、扩大指标估算法的计算公式和适用范围，以及应用公式进行建设项目投资估算动态部分的估算。

相关知识问答

序号	任务及问题	解答
1	简述建设项目投资动态部分的含义	
2	汇率变化对涉外项目的影响有哪些	

续表

序号	任务及问题	解答
3	简述价差预备费的估算方法	
4	简述建设期利息的估算方法	

问题1：广义的流动资金是指企业全部的流动资产，包括现金、存货（材料、在制品及成品）、应收账款、有价证券、预付款等项目。狭义的流动资金＝流动资产－流动负债。

流动资金是企业项目投产后，为进行正常生产运营，用于购买原材料、燃料，支付工资及其他经营费用等所必不可少的周转资金。

流动资金估算一般参照现有同类企业的状况采用分项详细估算法，个别情况或者小型项目可采用扩大指标估算法。

（1）分项详细估算法。流动资产的构成要素一般包括＿＿＿＿＿＿＿＿＿＿＿＿＿＿＿＿＿＿＿＿＿＿＿＿；流动负债的构成要素一般包括＿＿＿＿＿＿和＿＿＿＿＿＿。流动资金等于＿＿＿＿＿＿和＿＿＿＿＿＿的差额，计算公式为

流动资金＝＿＿＿＿＿＿－＿＿＿＿＿＿

流动资产＝＿＿＿＿＿＋＿＿＿＿＿＋＿＿＿＿＿＋＿＿＿＿＿

流动负债＝＿＿＿＿＿＿＋＿＿＿＿＿＿

流动资金本年增加额＝＿＿＿＿＿＿－＿＿＿＿＿＿

（2）扩大指标估算法。扩大指标估算法是根据现有同类企业的实际资料，求得各种流动资金率指标，也可依据行业或部门给定的参考值或经验确定比率，将各类流动资金率乘相对应的费用基数来估算流动资金。一般常用的基数有营业收入、经营成本、总成本费用和建设投资等。扩大指标估算法计算流动资金的公式为

年流动资金额＝＿＿＿＿＿＿×＿＿＿＿＿＿%

问题2：分项详细估算法的具体步骤：首先计算各类流

动资产和流动负债的年周转次数，然后再分项估算占用资金额。

（1）周转次数。周转次数是指_____。周转次数可用 1 年天数（通常按_____天计算）除以流动资金的最低周转天数计算，其计算公式为

周转次数 = _____ / 流动资金的最低周转天数

流动资金平均占用额 = 周转额 / 周转次数

（2）存货估算。存货是指_____，主要有原材料、辅助材料、燃料、低值易耗品、修理用备件、包装物、在产品、自制半成品和产成品等。为简化计算，仅考虑外购原材料、外购燃料、其他材料、在产品和产成品，并分项进行计算。其计算公式为

存货 = 外购原材料 + 外购燃料 + 其他材料 + 在产品 + 产成品

外购原材料 = 年外购原材料费用 / 原材料周转次数

外购燃料 = 年外购燃料费用 / 按种类分项周转次数

在产品 =（年外购原材料 + 年外购燃料 + 年工资及福利费 +
　　　年修理费 + 年其他制造费用）/ 在产品周转次数

产成品 =（年经营成本 – 年其他营业费用）/ 产成品周转次数

其他材料 = 年其他材料费用 / 其他材料周转次数

（3）应收账款估算。应收账款是指_____，包括很多科目，一般只计算应收销售款。其计算公式为

应收账款 = 年销售收入 / 应收账款周转次数

（4）预付账款估算。预付账款是指_____
_____。

（5）现金需要量估算。项目流动资金中的现金是指货币资金，即企业生产运营活动中停留于货币形态的那一部分资金，包括_____和_____。其计算公式为

现金需要量＝（年工资及福利费＋年其他费用）／现金周转次数

年其他费用＝制造费用＋管理费用＋销售费用－以上3项费
　　　　　　用中所含的工资及福利费、折旧费、维护费、
　　　　　　摊销费、修理费

（6）流动负债估算。流动负债是指在一年或超过一年的一个营业周期内，需要偿还的各种债务。一般流动负债的估算只考虑应付账款和预收账款两项。其计算公式为

应付账款＝（年外购原材料费用＋年外购燃料费用＋年其他
　　　　　材料费用）／应付账款周转次数

预收账款＝预收的营业收入年金额／预收账款周转次数

知识链接

更多关于建设项目投资估算动态部分估算的知识，请扫描右方二维码。

实训案例

案例1：

某风电项目的工程费与工程建设其他费的估算额为52 180万元，

预备费为 5 000 万元，建设期为 3 年。3 年的投资比例分别是 20%、55% 和 25%，第 4 年投产。

该项目固定资产投资来源为自有资金和贷款。贷款的总额为 40 000 万元，其中外汇贷款为 2 300 万美元。外汇牌价为 1 美元兑换 6.6 元人民币。贷款的人民币部分从中国建设银行获得，年利率为 6%（按季计息）；贷款的外汇部分从中国银行获得，年利率为 8%（按年计息）。

建设项目达到设计生产能力后，全场定员为 1 100 人，工资和福利费按照每人每年 7.2 万元估算；每年其他费用为 860 万元（其中，年其他制造费为 660 万元）；年外购原材料、燃料、动力费估算为 19 200 万元；年经营成本为 21 000 万元，年销售收入 33 000 万元，年修理费占年经营成本 10%；年预付账款为 800 万元；年预收账款为 1 200 万元。各项流动资金最低周转天数分别为：应收账款为 30 天，现金为 30 天，存货为 40 天，预付账款、预收账款为 30 天。

问题：

1. 估算建设期贷款利息。
2. 用分项详细估算法估算拟建项目的流动资金。

案例 2：

某城市拟建设一条免费通行的道路，与项目相关的信息如下：

（1）根据项目的设计方案及投资估算，该项目建设投资为 10 万元，建设期为 2 年，建设投资全部形成固定资产。

（2）该项目拟采用 PPP 模式投资建设，政府与社会资本出资人合作成立了项目公司。项目资本金为项目建设投资的 30%，其中，社会资本出资人出资 90%，占项目公司股权的 90%；政府出资 10%，占项目公司股权的 10%。政府不承担项目公司亏损，不参与项目公司利润分配。

（3）除项目资本金外的项目建设投资由项目公司贷款，贷款年利率为 6%（按年计息），贷款合同约定的还款方式为项目投入使用后 10 年内等额还本付息。项目资本金和贷款均在建设期内均衡投入。

（4）该项目投入使用（通车）后，前 10 年年均支出费用 2 500 万元，后 10 年年均支出费用 4 000 万元，用于项目公司经营、项目维护和修理。道路两侧的广告收益权归项目公司所有，预计广告业务收入每年为 800 万元。

（5）固定资产采用直线法折旧，项目公司适用的企业所得税税率为 25%；为简化计算，不考虑销售环节相关税费。

（6）PPP 项目合同约定，项目投入使用（通车）后连续 20 年内，在达到项目运营绩效的前提下，政府每年给项目公司等额支付一定的金额作为项目公司的投资回报，项目通车 20 年后，项目公司须将该道路无偿移交给政府。

问题：

1. 列式计算项目建设期贷款利息和固定资产投资额。

2. 列式计算项目投入使用第 1 年项目公司应偿还银行的本金和利息。

3. 列式计算项目投入使用第 1 年的总成本。

4. 项目投入使用第 1 年，政府给予项目公司的款项至少达到多少万元时，项目公司才能除广告收益外不依赖其他资金来源，仍满足项目运营和还款要求？

项目五　建设项目投资估算的编制

◉ 项目概述

不同阶段的投资估算，其方法和允许误差都是不同的。项目规划和项目建议书阶段，投资估算精度低；在可行性研究阶段尤其是详细可行性研究阶段，投资估算要求精度高。本实训项目的主要内容：建设项目投资估算的内容及其应用。

◉ 实训技能要求

知识目标：

1. 了解建设项目投资估算的含义及作用；
2. 了解建设项目投资估算的阶段划分与精度要求；
3. 掌握建设项目投资估算的内容。

技能目标：

1. 区分不同阶段的投资估算采取的方法；
2. 熟练运用项目三、项目四所学内容进行建设项目投资估算。

◉ 实训内容

综合运用项目三、项目四所学内容进行建设项目投资估算的编制。

相关知识问答

序号	任务及问题	解答
1	简述建设项目投资估算的含义	
2	简述建设项目投资估算的作用	

续表

序号	任务及问题	解答
3	简述建设项目投资估算的内容	
4	简述建设项目投资估算的依据	

问题 1：建设项目投资估算的阶段划分与精度要求。

（1）项目规划阶段的投资估算是怎样的？

（2）项目建议书阶段的投资估算是怎样的？

（3）初步可行性研究阶段的投资估算是怎样的？

（4）详细可行性研究阶段的投资估算是怎样的？

问题 2：建设项目投资包括项目从筹建、设计、施工直至竣工投产所需的全部费用。应包括_____、_____和_____。

问题 3：

（1）建设项目投资估算的要求是什么？

_____
_____
_____
_____
_____
_____
_____
_____

（2）建设项目投资估算的编制程序是怎样的？

_____
_____
_____
_____
_____
_____
_____
_____

知识链接

更多关于建设项目决策阶段建设项目投资估算的知识,请扫描右方二维码。

实训案例

案例 1:

1. 某建设项目的工程费由以下内容构成:

(1) 主要生产项目 1 500 万元,其中建筑工程费 300 万元,设备购置费 1 050 万元,安装工程费 150 万元。

(2) 辅助生产项目 300 万元,其中建筑工程费 150 万元,设备购置费 110 万元,安装工程费 40 万元。

(3) 公用工程 150 万元,其中建筑工程费 100 万元,设备购置费 40 万元,安装工程费 10 万元。

(4) 工程建设其他费用为 250 万元,基本预备费费率为 10%,年均投资价格上涨率为 6%。

2. 项目建设前期年限为 1 年,项目建设期 2 年,运营期 8 年。项目建设期第 1 年完成投资的 40%,第 2 年完成投资的 60%。建设期贷款 1 200 万元,贷款年利率为 6%。

问题:

1. 分别列式计算建设项目的基本预备费和价差预备费。

2. 列式计算建设项目的建设期贷款利息,并编制建设项目固定资产投资估算表。

案例 2：

某企业投资建设一个工业项目，该项目可行性研究报告中的相关资料和基础数据如下：

（1）项目工程费为 2 000 万元，工程建设其他费用为 500 万元（其中，无形资产费用为 200 万元），基本预备费费率为 8%，预计未来 3 年的年均投资价格上涨率为 5%。

（2）项目建设前期年限为 1 年，建设期为 2 年，生产运营期为 8 年。

（3）项目建设期第 1 年完成项目静态投资的 40%，第 2 年完成静态投资的 60%，项目生产运营期第 1 年投入流动资金 240 万元。

（4）项目的建设投资、流动资金均由资本金投入。

（5）除了无形资产费用之外，项目建设投资全部形成固定资产，无形资产按生产运营期平均摊销，固定资产使用年限为 8 年，残值率为 5%，采用直线法折旧。

（6）项目正常年份的产品设计生产能力为 10 000 件/年，正常年份年总成本为 950 万元，其中项目单位产品的可变成本为 550 元，其余为固定成本。项目产品预计售价为 1 400 元/件，营业税金及附加税税率为 6%，企业适用的所得税税率为 25%。

（7）项目生产运营期第 1 年的生产能力为正常年份设计生产能力的 70%，第 2 年及以后各年的生产能力达到设计生产能力的 100%。

问题：

1. 分别列式计算项目建设期第 1 年、第 2 年的价差预备费和项目建设投资。

2. 分别列式计算项目生产运营期的年固定资产折旧和正常年份的年可变成本、固定成本、经营成本。

3. 分别列式计算项目生产运营期正常年份的所得税和项目资本金净利润率。

4. 分别列式计算项目正常年份的产量盈亏平衡点。

（除资本金净利润外，前三个问题计算结果以万元为单位，产量盈亏平衡点计算结果取整数，其他计算结果保留两位小数）

项目六　建设项目投资财务评价

项目概述

建设项目经济评价包括财务评价和国民经济评价，财务评价又称企业经济评价，是建设项目经济评价的重要组成部分。本实训项目的主要内容：建设项目财务评价指标的计算方法及现金流量表的编制。

实训技能要求

知识目标：

1. 了解建设项目投资现金流量表的编制要求及作用；

2. 掌握现金流入、现金流出、净现金流量的概念，财务评价指标的计算方法。

技能目标：

1. 熟练掌握现金流量表的编制；

2. 熟练计算相关财务评价指标。

实训内容

财务评价指标的计算和现金流量表的编制。

相关知识问答

序号	任务及问题	解答
1	简述建设项目投资财务评价的含义	
2	简述建设项目投资财务评价的作用	

续表

序号	任务及问题	解答
3	简述建设项目投资财务评价的内容及步骤	
4	简述资金的时间价值	

问题1：现金流入的概念与计算方法是怎样的？

_____

_____

_____

_____

在计算时，一般是假定生产出来的产品全部售出，也就是销售量等于生产量，其计算公式为

销售收入＝销售量×销售单价＝生产量×销售单价

计算时要注意：

（1）在项目的投产期，尚未达到设计生产能力，此时的销售收入与达产期的销售收入是不同的，一般题目中都给出计算方法。

（2）回收固定资产余值一般是在项目计算期的最后一年一次收回，固定资产余值回收额应按题目中给的固定资产折旧方法计算。

（3）回收流动资金也是在项目计算期的最后一年一次收回。要注意流动资金回收额为项目的全部流动资金。

问题2：现金流出的概念与计算方法是怎样的？

_____

_____

_____

_____

（1）固定资产投资又称固定资产投资总额，包括固定资产投资、预备费、建设期利息以及投资方向调节税（目前已停收）四部分。在固定资产投资的计算中，要注意建设期利息的计算。一般来讲，对于分年均衡（注意"均衡"）发放的总贷款，其利息的计算原则是当年贷款按半年计息，上一年贷款足额在下一年按全年计息。其计算公式为

每年应付利息 =（年初借款本息累计 + 本年借款额/2）× 年实际利率（不是名义利息）

（2）流动资金投资额来自投资计划与资金筹措表，在编制现金流量表时要注意的是流动资金投入的年份，一般是在项目投产的第一年开始投入流动资金，最后一年一次收回。

（3）经营成本是指总成本费用中扣除折旧费、摊销费、维持运营投资和贷款利息以后的余额，其计算公式为

经营成本 = 总成本费用 − 折旧费 − 摊销费 − 维持运营投资 − 贷款利息

计算经营成本时要注意的是，在全部投资的现金流量表中，是以全部投资作为计算基础的，因此，利息支出就不再作为现金流出，而是进入经营成本中。在自有资金的现金流量表中单列借款利息支出，而经营成本中不包括利息支出。

（4）销售税金及附加、所得税的计算均按有关规定进行，其中所得税额是在项目营运当年的应纳税所得额不为零的情况下，根据："应纳税所得额 × 所得税税率"的公式计算出来的。在案例计算中，为简便计，应纳税所得额一般可按下述公式计算

应纳税所得额 = 销售收入 −（总成本 + 销售税金及附加）

问题 3：净现金流量的计算方法是怎样的？

问题 4：财务盈利能力评价方法与指标是怎样的？

（1）财务净现值（*FNPV*）：

（2）财务内部收益率（$FIRR$）：

（3）静态投资回收期（P_t）：

（4）动态投资回收期（P_t）：

（5）总投资收益率（ROI）：

问题 5：清偿能力评价方法与指标是怎样的？

（1）利息备付率（*ICR*）：

（2）偿债备付率（*DSCR*）：

（3）资产负债率：

（4）流动比率：

(5) 速动比率：

_____

_____

_____

_____

_____

_____

_____

知识链接

更多关于建设项目投资财务评价的知识，请扫描右方二维码。

实训案例

案例 1：

某公司拟建一年生产能力 40 万吨的生产性项目以生产 A 产品。与其同类型的某已建项目年生产能力 20 万吨，设备投资额为 400 万元，经测算，设备投资的综合调价系数为 1.2。该已建项目中建筑工程、安装工程及工程建设其他费用占设备投资的百分比分别为 60%、30%、6%，相应的综合调价系数为 1.2、1.1、1.05，生产能力指数为 0.5。

拟建项目计划建设期为 2 年，运营期为 10 年，运营期第一年的生产能力达到设计生产能力的 80%，第二年达 100%。

建设期第一年投资600万,第二年投资800万,投资全部形成固定资产,固定资产使用寿命为12年,残值为100万,按直线折旧法提折旧。流动资金分别在建设期第二年与运营期第一年投入100万、250万。项目建设资金中的1 000万为公司自有资金,其余为银行贷款。

问题:

1. 估算拟建项目的设备投资额。
2. 估算固定资产投资中的静态投资。
3. 计算运营期各年的所得税。
4. 在表6.1中填入全部相关数据。

表6.1 拟建项目投资现金流量表

序号	项目	建设期		运营期										
		1	2	3	4	5	6	7	8	9	10	11	12	
	生产负荷 /%													
1	现金流入													
1.1	销售收入													
1.2	回收固定资产余值													
1.3	回收流动资金													
2	现金流出													
2.1	固定资产投资													
2.2	流动资金													
2.3	经营成本													
2.4	销售税金及附加													
2.5	所得税													
3	净现金流量													

5. 计算拟建项目的静态投资回收期与动态投资回收期。

6. 计算拟建项目的财务净现值。

7. 计算拟建项目的财务内部收益率。

8. 根据计算出的评价指标,分析拟建项目的可行性。

案例 2：

某建设项目相关资料如下：

（1）建设期为 1 年，运营期为 6 年。全部投资为 2 000 万元，预计全部形成固定资产，期末残值为 150 万元，固定资产折旧年限为 10 年，固定资产余值在运营期期末全部收回。

（2）运营期第一年投入资本金 300 万元作为流动资金，在计算期内全部收回。

（3）在运营期间，正常年份每年的营业收入为 800 万元，经营成本为 300 万元，所得税税率为 33%，行业基准收益率为 10%，基准静态投资回收期为 6 年。

（4）投产第一年生产能力达到设计能力的 80%，营业收入与经营成本也为正常年份的 80%，以后的各年均满负荷生产。

（5）运营期间的第三年预计需要更新新型自动控制设备装置，需投资 500 万元。

（6）为简化计，将"调整所得税"计为"现金流出"的内容，不考虑增值税。

上述数据均假设发生在期末，请编制拟建项目投资现金流量表，并计算项目的静态投资回收期、财务净现值，判断项目是否可行。

项目七　建设项目设计阶段的工程造价管理

项目概述

设计阶段对整个项目造价的影响程度达到 35%～75%，是建设工程项目造价控制的重点阶段。

本实训项目的主要内容：设计方案的评比与优化，价值工程在设计阶段的应用。

实训技能要求

知识目标：

1. 了解工程设计、设计阶段及设计程序；
2. 了解设计方案的评价原则和内容；
3. 掌握工程设计优化途径及设计方案评价方法。

技能目标：

应用价值工程原理进行工程设计方案的比选。

◉ **实训内容**

按照价值工程的工作程序对设计方案进行优化,以及应用价值工程评选最佳方案。

◉ **相关知识问答**

序号	任务及问题	解答
1	简述设计概算的内容及建筑单位工程概算的编制方法	

续表

序号	任务及问题	解答
2	简述修正概算指标结构特征与概算指标有局部差异时的调整公式	
3	简述单项工程综合概算的组成内容	

续表

序号	任务及问题	解答
4	简述施工图预算审查的内容	
5	简述施工图预算审查的方法	

问题 1：价值工程的原理及判别标准概念是怎样的？

问题 2：提高价值的五条基本途径是什么？

问题 3：在设计阶段实施价值工程的步骤。

（1）功能分析：

_____

_____

（2）功能评价：

_____

_____

（3）方案创新：

_____

_____

（4）方案评价：

_____

_____

0—1 评分法

_____

_____

0—4 评分法

_____

_____

问题 4：完成表 7.1 的填写。

表 7.1 价值工程的基本工作程序

价值工程工作阶段	设计程序	工作步骤		价值工程对应的问题
		基本步骤	详细步骤	

问题 5：在设计阶段实施价值工程的意义是什么？

_____

_____

_____

知识链接

更多关于建设项目设计阶段工程造价管理的知识请扫描右方二维码。

实训案例

案例1：

某医药厂有6层框架结构住宅12栋，随着企业的效益不断发展，职工人数逐年增加，职工住房条件日趋紧张，为改善职工居住条件，该厂决定在原有住宅内新建住宅。

1. 新建住宅功能分析：选定指标

F1：增加住房户数；F2：改善居住条件；F3：增加使用面积；F4：利用原来土地；F5：保护原有森林。

2. 功能评价

确定功能指标的比重：F1>F2=F3>F4=F5

功能	F1	F2	F3	F4	F5	得分	功能评价系数
F1	—	3	3	4	4		
F2	1	—	2	3	3		
F3	1	2	—	3	3		
F4	0	1	1	—	2		
F5	0	1	1	2	—		
合计							

3. 方案创新

在对该住宅功能评价的基础上，了解原有建筑物的建筑施工情况的条件下，根据专家建议，提出以下两种方案：

方案甲：在对原有住宅实行大修的基础上加层，工程内容包括：屋顶地面翻修，内墙粉刷，外墙抹灰，增加厨房、厕所，改造给水排水工程，增建2层住房。工程需投资50万元，工期4个月，可增加18户，原有绿化破坏50%。

方案乙：拆除旧住宅，建设新住宅。工程内容包括：拆除原有住宅两栋，新建一栋，新建住宅60套，每套80 m^2，工程需投资100万，工期8个月，可增加住户18户，原有绿化全部破坏。

4. 方案评价：利用加权评分法

项目功能	重要权数	方案甲		方案乙	
		功能得分	加权得分	功能得分	加权得分
F1		10		10	
F2		7		10	
F3		9		9	
F4		10		6	
F5		5		1	
方案加权得分和					
方案功能系数					

方案名称	功能评价系数	成本/万元	成本系数	价值系数
修理加层		50		
拆旧重建		100		
合计				

案例 2：

某工程有 A、B、C 三个设计方案，有关专家决定从四个功能（分别以 F1、F2、F3、F4 表示）对不同方案进行评价，并得到以下结论：A、B、C 三个方案中，F1 的优劣顺序依次为 B、A、C；F2 的优劣顺序依次为 A、C、B；F3 的优劣顺序依次为 C、B、A；F4 的优劣顺序依次为 A、B、C。经进一步研究，专家确定三个方案各功能的评价计分标准均为：最优者得 3 分，居中者得 2 分，最差者得 1 分。

据估算，A、B、C三个方案的造价分别为7 500万元、6 600万元、5 900万元。

问题：

1. 将A、B、C三个方案各功能的得分填入表7.2中。

表7.2　A、B、C各功能得分

	A	B	C
F1			
F2			
F3			
F4			

2. 若四个功能之间的重要性关系排序为F2>F1>F4>F3，采用0—1评分法确定各功能的权重，并将计算结果填入表7.3中。

表7.3　0—1评分法的计算结果

	F1	F2	F3	F4	功能得分	修正得分	功能重要系数
F1							
F2							
F3							
F4							
合计							

3. 已知A、B两方案的价值指数分别为1.127、0.961，在0—1评分法的基础上计算C方案的价值指数，并根据价值指数的大小选择最佳设计方案。

4. 若四个功能之间的重要性关系为：F1 与 F2 同等重要，F1 相对 F4 较重要，F2 相对 F3 很重要。采用 0—4 评分法确定各功能的权重，并将计算结果填入表 7.4 中（计算结果保留三位小数）。

表 7.4　0—4 评分法的计算结果

	F1	F2	F3	F4	功能得分	功能重要系数
F1						
F2						
F3						
F4						
合计						

项目八　建设项目施工招标投标阶段的工程造价管理

项目概述

本实训项目的主要内容：建设项目施工的招标控制价和投标报价的编制方法，建设工程施工合同的主要条款及合同价款的确定。

实训技能要求

知识目标：

1. 了解招标的分类及内容；

2. 熟悉施工招标的程序和招标文件的构成；

3. 掌握工程量清单的编制及其投标报价；

4. 熟悉施工投标程序，熟悉投标策略；

5. 熟悉施工评标定标。

技能目标：

1. 能够处理招标投标有关问题；

2. 熟练掌握评标定标的具体方法（经评审的最低投标报价法、综合评估法）。

实训内容

应用经评审的最低投标报价法评审投标文件，应用综合评估法评审投标文件。

相关知识问答

序号	任务及问题	解答
1	根据《中华人民共和国招标投标法》，建设项目施工招标的方式有哪些	
2	项目的勘察、设计、施工、监理以及与工程建设有关的重要设备、材料等的采购招标规模是怎样的	

续表

序号	任务及问题	解答
3	简述《建设工程施工合同（示范文本）》的组成和合同文件构成	
4	简述《中华人民共和国招标投标法》关于开标时间地点及评标委员会的相关规定	

问题1：根据《中华人民共和国招标投标法》，建设项目招标的范围是什么？

问题2：建设项目施工招标要经过哪些主要程序？

问题 3：具体说明不平衡报价法通常的做法。

问题 4：建设项目招标控制价、单位工程招标控制价的内容组成有哪些？

知识链接

更多关于建设项目施工招标投标阶段工程造价管理的知识内容请扫描右方二维码。

实训案例

案例 1：

某工程采用公开招标方式，有 A、B、C 三家承包商参加投标，经资格预审，这三家承包商均满足要求。该项工程采用两阶段评标法评标，评标委员会共由 5 名成员组成。请按综合得分最高者中标的原则确定中标单位。

评标的相关资料见表 8.1。

表 8.1 评标的相关资料

投标单位	施工方案/分	总工期/月	自报工程质量	鲁班工程奖	部优工程奖
A	10	18	优良	2	1
B	10	20	优良	1	2
C	10	20	优良	1	2

标底和各承包商的报价见表 8.2。

表 8.2 标底和各承包商的报价　　　　　　　万元

投标单位	A	B	C	标底价格
报价	33 781	34 197	34 611	34 072

评分原则如下：

（1）技术标共计 40 分，其中施工方案 10 分（因已确定施工方案，故该项投标单位均得分 10 分）；施工总工期 15 分，工程质量 15 分。满足业主总工期要求（22 个月）者得 5 分，每提前 1 个月加 1 分，工程质量自报合格者得 5 分，报优良者得 8 分（若实际工程质量未达到优良将扣罚款合同价的 2%），近 3 年内获得鲁班工程奖者每项加 2 分，获得部优工程奖者每项加 1 分。

（2）商务标共计 60 分。以标底价的 50%与承包商报价算术平均数的 50%之和为基准价，但最高（或最低）报价高于（或低于）次高（或次低）报价的 15%者，在计算承包商报价算术平均数时不予考虑，且该商务标得分为 15 分。

以基准价的 98%为满分（60 分），报价比基准价的 98%每下降 1%，扣 1 分，最多扣 10 分；报价比基准价的 98%每增加 1%，扣 2 分，扣分不保底。

根据上述资料运用综合评标法计算。

根据计算各投标单位的技术标得分填写表 8.3。

表 8.3　技术标得分

投标单位	施工方案/分	总工期/分	工程质量/分	合计
A				
B				
C				

根据计算各投标单位的商务标得分填写表 8.4。

表8.4 商务标得分

投标单位	报价/万元	报价占标底的比例/%	扣分	得分/分
A				
B				
C				

根据计算各投标单位的综合得分填写表8.5。

表8.5 综合得分

投标单位	技术标得分/分	商务标得分/分	综合得分
A			
B			
C			

结论：

_____

_____

_____

_____

_____

_____

_____

案例 2：

某国有资金投资的大型建设项目，建设单位采用工程量清单公开招标方式进行施工招标。

建设单位委托具有相应资质的招标代理机构编制了招标文件，招标文件包括如下规定：

（1）招标人设有最高投标限价和最低投标限价，高于最高投标限价或低于最低投标限价的投标人报价均按废标处理。

（2）投标人应对工程量清单进行复核，招标人不对工程量清单的准确性和完整性负责。

（3）招标人将在投标截止之后的 90 日内完成评标和公布中标候选人工作。

投标和评标过程中发生了如下事件：

事件 1：投标人 A 对工程量清单中某分项工程工程量的准确性有异议，并于投标截止时间 15 天前向招标人书面提出了澄清申请。

事件 2：投标人 B 在投标截止时间前 10 分钟以书面形式通知招标人撤回已递交的投标文件，并要求招标人 5 日内退还已经递交的投标保证金。

事件 3：在评标过程中，投标人 D 主动对自己的投标文件向评标委员会提出书面澄清、说明。

事件 4：在评标过程中，评标委员会发现投标人 E 和投标人 F 的投标文件中载明的项目管理成员中有一人为同一人。

问题：

1. 招标文件中，除了投标人须知、图纸、技术标准和要求、投标文件格式外，还包括哪些内容？

2．分析招标代理机构编制的招标文件中（1）～（3）项规定是否妥当，并说明理由。

3．针对事件1和事件2，招标人应如何处理？

4．针对事件3和事件4，评标委员会应如何处理？

项目九　建设项目施工阶段的工程造价管理

项目概述

建设项目施工阶段是把设计图纸和原材料、半成品、设备等变成工程实体的过程，是建设项目价值和使用价值实现的主要阶段，是实施建设工程全过程造价管理的重要组成部分。在施工阶段处理好工程变更和工程索赔可以使项目利益最大化。

本实训项目的主要内容：建设项目施工阶段工程变更及合同价款调整、资金使用计划的编制与应用，施工阶段工程索赔及建设工程价款结算的方式及方法。

实训技能要求

知识目标：

1. 掌握工程变更和合同价款的调整；
2. 掌握工程索赔的处理原则和计算。

技能目标：

能够处理施工阶段的工程索赔。

实训内容

工程变更、工程索赔的工期计算和费用计算。

相关知识问答

序号	任务及问题	解答
1	简述工程变更的概念	

续表

序号	任务及问题	解答
2	简述工程索赔的概念	
3	简述变更价款的计算方法	

续表

序号	任务及问题	解答
4	《建设工程施工合同（示范文本）》规定的工程索赔程序是怎样的	
5	简述索赔报告的内容	

问题1：工程变更的起因是什么？

问题2：《建设工程施工合同（示范文本）》规定的工程变更程序是怎样的？

问题 3： 工程索赔的作用是什么？

问题 4： 工程索赔计算。

（1）怎样进行工期索赔的计算？

（2）怎样进行费用索赔的计算？

知识链接

更多关于建设项目施工阶段工程造价管理的知识请扫描右方二维码。

实训案例

案例 1：

某施工单位（乙方）与建设单位（甲方）签订了某项工业建筑的地基处理与基础工程施工合同。由于工程量无法准确确定，根据施工合同专用条款的规定，按施工图预算方式计价，乙方必须严格按照施工图及施工合同规定的内容及技术要求施工。乙方的分项工程量首先向监理工程师申请质量认证，取得质量认证后，向造价工程师提出计量和支付工程款。

工程开工前，乙方提交了施工组织设计并得到批准。

问题：

1. 在工程施工过程中，当进行到施工图所规定的处理范围边缘时，乙方在取得在场监理工程师认可的情况下，为了使夯击质量得到保证，将夯击范围适当扩大。施工完成后，乙方将扩大范围内的施工工程量向造价工程师提出计量支付的要求，但遭到拒绝。试问造价工程师拒绝承包商的要求是否合理？为什么？

2. 在工程施工过程中，乙方根据监理工程师指示就部分工程进行了变更施工。试问工程变更部分合同价款应根据什么原则确定？

3. 在开挖土方过程中，有两项重大事件使工期发生了较大的拖延：一是土方开挖时遇到了一些工程地质勘探没有探明的孤石，排除孤石拖延了一定的时间；二是施工过程中遇到数天季节性大雨，后又转为特大暴雨引起山洪暴发，造成现场临时道路、管网和施工用房等设施以及已施工的部分基础被冲坏，施工设备损坏，运进现场的部分材料被冲走，乙方数名施工人员受伤，雨后乙方用了很多工时清理现场和恢复施工条件。为此乙方按照索赔程序提出了延长工期和费用补偿要求。试问造价工程师应如何审理？

案例 2：

某政府投资建设工程项目，采用清单计价方式招标，发包方与承包方签订了施工合同。施工合同约定如下：

（1）合同工期为 110 天，工期奖或罚均为 3 000 元/天（已含税金）。

（2）当某一分项工程的实际量比清单量增减超过 10% 时，调整综合单价。

（3）规费费率为 3.55%，税金率为 3.41%。

（4）机械闲置补偿费为台班单价的 50%，人员窝工补偿费为 50 元/工日。

开工前,承包人编制并经发包人批准的网络计划如图9.1所示。

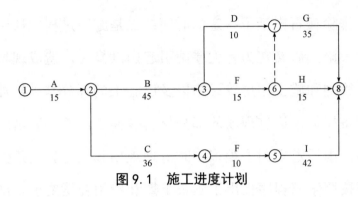

图 9.1 施工进度计划

工作B和I共用一台施工机械,只能顺序施工,不能同时进行,台班单价为1 000元/台班。

施工过程中发生如下事件:

事件1:业主要求调整设计方案,使C工作的持续时间延长10天,人员窝工50工日。

事件2:在I工作施工前,承包方为了获得工期提前奖,经承发包双方商定,使I工作的持续时间缩短2天,增加赶工措施费3 500元。

事件3:在H工作的施工过程中,劳动力供应不足,使H工作拖延了5天。承包方强调劳动力供应不足是由天气过于炎热所致。

事件4:招标文件中G工作的清单工程量为1 750 m³(综合单价为300元/m³),与施工图纸不符,实际工程量为1 900 m³。经承发包双方商定,在G工作工程量增加但不影响因事件1~事件3而调整的项目总工期的前提下,每完成1 m³增加的赶工工程量按综合单价60元计算赶工费(不考虑其他措施费)。

上述事件发生后，承包方均及时向发包方提出了索赔，并得到相应的处理。

问题：

1. 承包方是否可以分别就事件1～事件4提出工期和费用索赔？说明理由。

2. 事件1～事件4发生后，承包方可得到的合理工期索赔为多少天？该项目的实际工期为多少天？

3. 事件1～事件4发生后，承包方可得到总的费用追加额是多少？（计算过程和结果均以元为单位，结果取整数）

项目十　建设项目竣工结算与决算和保修费用处理

◉ 项目概述

工程竣工结算和决算审核是工程造价控制的重要环节，经审查的工程竣工结算是发承包双方工程价款结算的依据，也是核定该建设项目工程造价的依据，还是建设项目竣工验收后编制竣工决算与核定项目投资的重要依据。工程结算文件不仅直接关系到建设方与施工方的利益，也关系到项目工程造价的实际结果，故而要认真、准确地编制。

本实训项目的主要内容：建设工程价款的结算，建设项目竣工验收的相关规定和竣工决算的编制，以及工程保修与保修费用的处理。

◉ 实训技能要求

知识目标：

1. 了解建设项目竣工验收的范围、依据、标准和工作程序；

2. 掌握建设项目竣工决算的内容和编制；

3. 熟悉保修责任、保修费用的处理；

4．熟悉建设工程价款的结算。

技能目标：

1．能够进建设行工程预付款、工程进度款及质量保证金的计算；

2．能够确定工程保修责任，并能处理工程保修费用；

3．能够进行建设工程价款动态结算。

实训内容

建设工程预付款、工程进度款的计算，以及施工阶段投资偏差分析。

相关知识问答

序号	任务及问题	解答
1	简述工程价款结算的概念及当月实际付款金额的计算方法	

续表

序号	任务及问题	解答
2	简述工程预付款的扣回概念	
3	根据《中华人民共和国建筑法》《建设工程质量管理条例》，简述保修范围有哪些	

续表

序号	任务及问题	解答
4	常用的偏差分析方法有哪些	
5	竣工决算与竣工结算有什么区别	

问题 1: 工程价款结算的方式有哪些?

问题 2: 简述工程预付款的概念、扣回方式和计算公式。

问题 3：施工阶段投资偏差与进度偏差公式是怎样的？

问题 4：竣工验收的条件有哪些？

知识链接

更多关于建设项目竣工结算、决算及保修费用处理的知识请扫描右方二维码。

实训案例

案例 1：

某土方工程量，工程量清单的工程量为 1 100 m³，合同约定综合单价为 15 元 /m³，且实际工程量减少超过 10% 时调整单价，单价调整为 15.5 元 /m³。经工程师计量，承包商实际完成的土方量为 900 m³，则该土方工程价款为多少？

案例 2：

某工程采用工程量清单的招标方式确定了中标人，业主和中标人签订了单价合同。合同内容包括六项分项工程。其分项工程工程量、费用和计划作业时间见表 10.1。该工程安全文明施工等总价措施项目费用 6 万元，其他总价措施项目费用 10 万元；暂列金额 8 万元；管理费以分项工程中的人工费、材料费、机械费之和为计算基数，费率为 10%；利润与风险费以分项工程中人工费、材料费、机械费与管理费之和为计算基数，费率为 7%；规费以分项工程、总价措施项目和其他项目之和为计算基数，费率为 6%；税金率为 3.5%，合同工期为 8 个月。

表 10.1　分项工程的工程量、费用和计划作业时间明细表

分项工程	A	B	C	D	E	F	合计
清单工程量 /m^2	200	380	400	420	360	300	2 060
综合单价 /（元·m^{-2}）	180	200	220	240	230	160	—
分项工程费用/万元	3.60	7.60	8.80	10.08	8.28	4.80	43.16
计划作业时间/起止月	1～3	1～2	3～5	3～6	4～6	7～8	—

有关工程价款的支付条件如下：

（1）开工前业主向承包商支付分项工程费用（含相应的规费和税金）的 25% 作为材料预付款，在开工后的第 4～6 月分三次平均扣回。

（2）安全文明施工等总价措施项目费用分别于开工前和开工后的第一个月分两次平均支付，其他总价措施项目费用在 1～5 个月分五次平均支付。

（3）业主按当月承包商已完工程价款的 90%（包括安全文明施工等总价措施项目和其他总价措施项目费）支付工程进度款。

（4）暂列金额计入合同价，按实际发生额与工程进度款同期支付。

（5）工程质量保证金为工程款的 3%，竣工结算月一次扣留。

工程施工期间，经监理人核实的有关事项如下：

（1）第三个月发生现场签证计日工费用 3.0 万元。

（2）因劳务作业队伍调整使分项工程 C 的开始作业时间推迟了一个月，且作业时间延长 1 个月。

（3）因业主提供的现场作业条件不充分，使分项工程 D 增加了人工费、材料费、机械费之和为 6.2 万元，作业时间不变。

（4）因涉及变更使分项工程 E 增加工程量 120 m^2（其价格执行原综合单价），作业时间延长一个月。

（5）其余作业内容及时间没有变化，每一分项工程在施工期间各月匀速施工。

问题：

1. 计算本工程的合同价款、预付款和首次支付的措施费。

2. 计算3、4月份已完工程价款和应支付的工程进度款。

3. 计算实际合同价款、合同价增加额及最终施工单位应得的工程价款。

参考文献

[1] 中国建设工程造价管理协会.建设项目设计概算编审规程：CECA/GC 2—2015[S].北京：中国计划出版社，2016.

[2] 马楠，周和生，李宏颀.建设工程造价管理[M].2版.北京：清华大学出版社，2012.

[3] 中华人民共和国国家发展和改革委员会，中华人民共和国建设部.建设项目经济评价方法与参数[M].3版.北京：中国计划出版社，2006.

[4] 中华人民共和国住房和城乡建设部，中华人民共和国国家质量监督检验检疫总局.建设工程工程量清单计价规范：GB 50500—2013[S].北京：中国计划出版社，2013.